T 文庫

假装懂点
心理学

**THE
LITTLE BOOK
OF
PSYCHOLOGY**

[英]艾米莉·罗尔斯
[英]卡罗琳·里格斯 / 著
庞梦莎 / 译

图书在版编目（CIP）数据

假装懂点心理学 / (英) 艾米莉·罗尔斯, (英) 卡罗琳·里格斯著；庞梦莎译. -- 厦门：鹭江出版社, 2025. 8. -- (T文库). -- ISBN 978-7-5459-2594-4

Ⅰ.B84-49

中国国家版本馆CIP数据核字第2025S3D363号

福建省版权局著作权合同登记号 图字：13-2025-036 号

THE LITTLE BOOK OF PSYCHOLOGY
by Emily Ralls, Caroline Riggs
Copyright © Octopus Group Limited, 2019
Simplified Chinese translation copyright © 2025 by Light Reading Culture Media (Beijing) Co., Ltd.
This Chinese edition is arranged through Gending Rights Agency (http://gending.online/)
All rights reserved.

出 版 人	雷 戎
选题策划	轻读文库
责任编辑	李 杰
助理编辑	刘 爽
特约编辑	张宝荷
装帧设计	马仕睿 @typo_d
美术编辑	林烨婧

JIAZHUANG DONGDIAN XINLIXUE

假装懂点心理学

[英] 艾米莉·罗尔斯　[英] 卡罗琳·里格斯　著　　庞梦莎 译

出　　版	鹭江出版社	
发　　行	鹭江出版社	
	轻读文化传媒（北京）有限公司	
地　　址	厦门市湖明路 22 号	邮政编码：361004
印　　刷	河北鹏润印刷有限公司	
地　　址	河北省沧州市肃宁县经济开发区宏业路北侧	联系电话：0317-7587722
开　　本	730mm×940mm　1/32	
印　　张	3.625	
字　　数	64 千字	
版　　次	2025 年 8 月第 1 版　2025 年 8 月第 1 次印刷	
书　　号	ISBN 978-7-5459-2594-4	
定　　价	25.00 元	

本书若有质量问题，请与本公司图书销售中心联系调换
电话：(010) 52435752

未经许可，不得以任何方式复制或抄袭本书部分或全部内容
版权所有，侵权必究

目录

导　言　　　　　　　　　　　1

第一章　心理学的历史　　　　3
第二章　生物心理学　　　　　9
第三章　心理动力学　　　　　21
第四章　行为主义心理学　　　33
第五章　认知心理学　　　　　49
第六章　社会心理学　　　　　69
第七章　人本主义心理学　　　81
第八章　心理学的争议　　　　89

结　语　　　　　　　　　　105
图片来源　　　　　　　　　107

我们是宇宙认识自己的一种方式。

——卡尔·萨根

导　言

人脑是唯一可以研究自身的生物器官。也许这是你拿起本书的原因？人类大脑不仅可以研究自己，还能同时处理来自周围环境的大量信息。

例如，就在你阅读这一页时，大脑正在接收眼睛传来的电信号。这些电信号能让你立即识别出书上的这些线条和形状在哪里出现过，从而回忆起它们代表的汉字或词组，以及你曾经学到的它们所代表的含义。

与此同时，大脑可能并没有让你注意周围的声音。它在不断过滤那些可能不会对你造成直接危险的声音。大脑认为，你忽略这些声音是安全的。但如果有一只剑齿虎走进房间，它会立即发出警报。

也许你现在并未察觉，但位于大脑中部的下丘脑已经收到了来自皮肤的信号。它监测到了你所在环境的温度，并做出了调整，使你的重要器官保持在恒温状态下。

读到这里之前，你或许也没有注意到自己的眨眼频率，或是身体的哪些部位在接触椅子，或是你的脚是怎样放在地板上的。你的大脑在努力学习与自身相关的知识的同时，也在悄然处理着这一切。

千亿个神经元照料着你，也正在成为你。

如今，我们可以利用各种现代科学技术来观察、测量和控制大脑中与日常经验和行为息息相关的生理活动。我们可以利用功能磁共振成像（fMRI）等脑部扫描技术，实时观察大脑处理信息的过程，但这并非总能奏效，因为对大脑的生物学研究只是心理学的一个分支。虽然我们现在或许可以说大脑"承载"着心灵，但人类经验的许多方面是无法用生物技术观察到的，我们需要更微妙、更主观的思考来尝试理解。

在本书中，我们将从更传统的科学方法（比如生物心理学和行为心理学），到更主观的方法（如心理动力学等），讨论心理学史上众多对人类行为的解释。

第一章

心理学的历史

描述心理学的历史时，很难找到一个明确的起点，部分原因在于我们很难将心理学研究与哲学研究分开。古希腊的哲学家讨论过在今天看来可能会和心理学联系在一起的话题，比如灵魂、心灵和思想的本质。直到19世纪，德国生理学家威廉·冯特（1832—1920）开始使用"实验方法"研究人类行为，心理学才作为一门独立的学科出现在大众面前。

冯特于1874年出版《生理心理学原理》一书，首次尝试将生理学研究（我们的器官及其系统是如何运作的）与人类行为联系起来。1879年，他在德国莱比锡大学创立了世界上第一个专门研究心理学的实验室，开创性地确定了实验内省法。该研究方法之所以具有创新性，是因为它试图研究思维过程，而不是可观察到的行为或孤立的大脑结构。参与者被引导审视和说出自己的内心想法，并进行自我观察。训练有素的工作人员会观测这一过程，提供事先计划好且可控的感官刺激，比如敲响节拍器或打开一盏灯。冯特认识到使用实验方法研究人类行为的重要性，并强调必须在相同条件下做重复实验，以便检验实验结果的可靠性。

此后，心理学家以不同程度的严谨性运用科学与实验方法，解释生物因素和个人经验如何相互作用，进而塑造人类行为。有关人类行为的科学研究蓬勃发展。

在本书中，我们将探讨当今心理学的主要研究领域，涵盖从20世纪初弗洛伊德提出的精神分析学到现代的大脑成像技术等方面。

尝试内省

点燃一根蜡烛,看着它闪烁;用乐器弹奏一个音符或闻一闻花香。现在,请大声说出你的感受,或是想法。这就是内省:审视自己的心理过程。

第二章

生物心理学

纵观人类历史，我们的思想和行为源于何处一直是哲学家和科学家思考的问题，至今也没有一个绝对的答案。然而，随着我们对生物学的理解越来越深入，对心理学的理解也在不断加深。在本章中，我们将探索大脑的解剖结构、遗传学对心理和行为的影响，以及人类的进化史如何塑造了我们的行为模式。

大约2500年前，希波克拉底首次提出，人类的思想和意识由大脑产生，而非亚里士多德认为的心脏。在随后的几个世纪里，人们提出了许多有关大脑如何影响我们的理论，包括希腊哲学家和医学家盖伦。盖伦在公元前2世纪提出，大脑就像一个泵，通过神经将液体输向人体器官（这一观点在17世纪仍然很流行）。如果不是因为19世纪的科学家试图"复活"死刑犯的病态实验，我们可能永远不会想到，人体实际上是由穿梭于大脑的电信号控制的。在那个电力尚未被广泛应用的时代，这无疑是生物学领域的重大发现。

然而，尽管"我们的身体由一台带电的超级生物计算机所控制"这一观点启发了众多科学家，但遗憾的是，他们缺乏医学知识，无法在保证病人存活的前提下，打开病人的头骨并真正观察到任何东西。在那个时代，磁共振成像（MRI）和正电子发射体层成像（PET）等脑成像技术尚未出现，人们对大脑的认识来自那些经历了重大创伤的幸存者，科学家观察他们的性格、行为或记忆发生的变化。

最有名的一起脑损伤案例来自一场施工事故。1848年，美国铁路建筑工人菲尼亚斯·盖奇正在佛蒙特州修建铁路路床，他用一根长约110厘米的金属棍将炸药塞入洞中时，不慎被金属棍击穿头骨，刺穿额叶，却奇迹般地活了下来。不过，这场事故使他的认知功能受损，性格也发生了变化。据盖奇的医生约翰·哈洛和朋友们所说，事故发生后，他变得冲动且易怒。

虽然围绕盖奇事件的证据有限，近年来研究人员对一些资料来源的准确性也提出了质疑，但无论该事件在多大程度上被夸大或扭曲，它仍是已知最早的脑损伤导致人格改变的案例之一。当时的医生假设盖奇的人格改变是受伤导致的直接后果，为我们对大脑功能的探索提供了重要线索。通过进一步的个案研究和脑成像技术的应用，额叶在今天被证实的确与情绪控制、冲动行为相关。后者包括"再吃一块饼干"的想法，以及强迫症和成瘾行为中出现的强迫性行为。

脑叶

大脑各叶都有不同的功能。

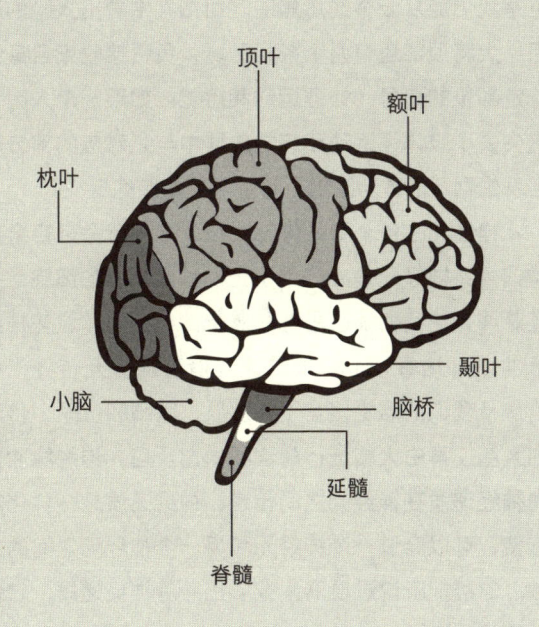

- 顶叶
- 额叶
- 枕叶
- 颞叶
- 小脑
- 脑桥
- 延髓
- 脊髓

人类大脑有四个脑叶，分别是：额叶、颞叶、顶叶和枕叶。每个脑叶都具有特定的功能。**额叶**负责执行功能，帮助我们做出决策、进行创造性思考以及启动或抑制行动等高层次认知过程。**颞叶**负责处理听觉、记忆和语言。**顶叶**则帮助我们感知、解释和理解世界。最后，**枕叶**处理来自眼睛的信息，将其细化为色调、图案和距离等类别。

枕叶中还有一个专门用于识别人脸的区域，这也是我们能从云朵或烤焦的吐司图案中看出人脸的原因！大脑顶部还有两个条状区域，负责接收来自身体特定部位的信号，处理运动和感觉。如果一个人因受伤失去了肢体，运动和感觉皮层中与之对应的部分就会发生剧烈的重新映射，可能导致幻肢综合征。

神经元在各个脑叶内部和彼此之间传递来自全身的信号。**神经元**是专门用于传递神经脉冲的细胞，神经脉冲是使我们能够思考和感觉的电信号。这些神经脉冲以高达每秒119米的速度沿着神经元传导，将信息从我们的感觉器官（如皮肤、眼睛和鼻子）传递到大脑，再由大脑进行解读和做出反应。神经脉冲借助神经递质在神经元之间传递，神经递质是一种化学信使，可以穿过一个神经元和另一个神经元之间的突触。你可能听说过血清素或多巴胺等神经递质，它们与快乐、记忆、注意力等各种认知功能有关。

神经元的结构

神经脉冲通过神经元的树突到达轴突末端。英语中的"树突"一词来自希腊语的"树",指自神经元伸出的"小枝",与邻近的神经元的轴突末端相连。轴突末端会释放神经递质(如多巴胺和血清素),这些神经递质将脉冲带过突触,使它被下一个神经元的树突接收,开始新的旅程。

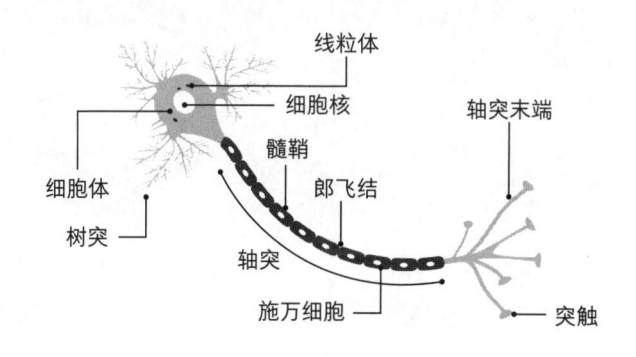

褶皱和沟壑覆盖着大脑的整个表面。如果没有血液供应,这个巨大的表面就会显得灰蒙蒙的,这是因为它含有大量髓鞘。髓鞘是包裹在细长的轴突外的脂质层,有助于传导大脑中的电信号。当你读到这里时,电信号正在你所有的脑叶之间穿梭,创造记忆,同时与先前的处理过程建立联系,而在这一信息检索的过程中,你无须等待,一切都无缝连接。

我们神奇而复杂的大脑从未停止过学习。它会不断适应我们所处的苛刻环境,根据任务需求重新分配资源。研究表明,当人们处理高难度任务(比如表演杂技或玩电子游戏)时,大脑结构会因此产生变化。例如,伦敦出租车司机大脑中的海马体普遍偏大。而海马体与记忆有关,在伦敦蜿蜒曲折的街道上行驶的出租车司机当然需要可靠的记忆。

神经误区:"我们只使用了 10% 的大脑。"

错误!

我们无时无刻不在使用全部的大脑,只是根据正在做的事情,大脑的某些区域可能比其他区域更加活跃。

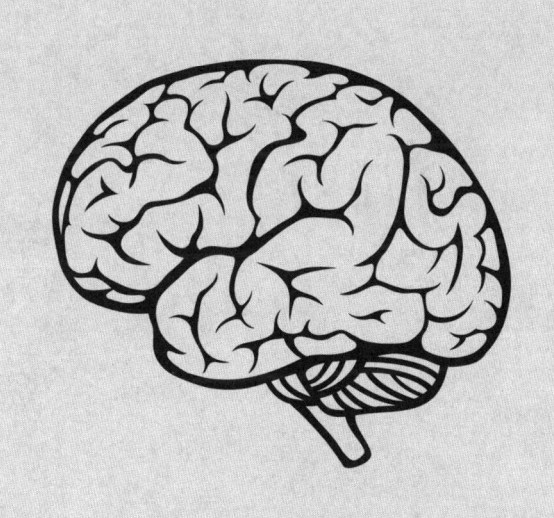

最终，整个心理学领域都可以归结为生物的电化学反应。

——西格蒙得·弗洛伊德

进化的视角

大脑的进化过程经历了漫长的时间。进化心理学家认为，人类目前的行为是对我们早期进化过程中所承受压力的反应，我们的许多行为都是通过自然选择形成的。过去的10万年里，人类的变化不大。因此，通过研究我们的祖先在此期间具备的行为优势，或许可以帮助我们了解人类现有行为的最初目的。

达尔文的自然选择学说认为，最能适应环境的生物将存活下来、繁衍后代，并将成功的特征遗传下来。进化心理学要求我们了解早期人类所处的环境，以及他们的生活方式与现在有何不同，并做出如下假设：我们现在的许多行为都是曾经的适应性特征，以帮助我们在环境中存活和繁衍。

英国生物学家理查德·道金斯曾将这一概念称为"自私的基因"。例如，如果想要延续基因，后代就必须存活下来，因此父爱和母爱显然具有适应性优势。不过，一些行为的进化意义可能并不那么显而易见，比如：我们为什么会帮助他人呢？

以长远角度来看，与他人合作（无论他们与我们是否有血缘关系）可能带来生存优势。因此，即使是利他主义这样听起来不太符合"自私的基因"模式的行为，也是人类进化历史的产物。早期进化过程中，人类可能从公平分配食物、共同制定目标和策略、分享知识和相互支持中获益。能以"合作"模式行动的个体会比缺乏合作意识的个体更具生存优势，成功存活、繁衍后代并将"利他"基因遗传下来。

总体而言，生物心理学这一领域的未来令人振奋。研究人员正在开发更便携的磁共振成像扫描仪，从而为战场上或贫穷国家偏远地区医院中的病人进行大脑扫描。诺丁汉大学的研究人员正在研制可穿戴式的大脑扫描设备，利用量子传感器检测和精确绘制脑部电信号的微小变化，深入探索人类思维活动。由于钻石具有超导电性，科学家也在尝试将人造钻石植入病人脑内，从而弥合缺失或受损的神经连接，让神经脉冲在神经道路断裂处继续前进，这一方法甚至可能为治疗神经退行性疾病带来突破性的进展。

近年来，剑桥大学的科学家率先从皮肤细胞样本中培育出大脑皮层细胞（大脑的"灰质"），从而实现实时观察阿尔茨海默病等疾病的发展过程，开发防治药物，并可能加深我们对大脑受损后修复功能的理解。耶鲁大学医学院的科学家利用这些"微型"大脑，研究孤独症患者的大脑发育与非孤独症患者的不同。

未来的几十年里，随着神经科学及生物学各领域的进步，我们对大脑和行为的生物学机制的了解可能大大增加，而这些新的发现很可能既令人着迷又使人敬畏。

第三章

心理动力学

一个人的心理就像一座冰山，浮在水面上的体积只有七分之一。

——西格蒙得·弗洛伊德

西格蒙得·弗洛伊德（1856—1939）可以称得上最著名的心理学家。谈到心理治疗，人们很容易想起弗洛伊德为躺在沙发上的病人进行精神分析的场景。除此之外，他在其他领域也享有极高的知名度，并贡献了许多英语中的新短语和新词义，尽管弗洛伊德主要用德语写作。除了广为人知的"弗洛伊德式口误"，在1909年关于歇斯底里症的研究中，弗洛伊德首次使用"焦虑"一词，用来描述一种"病态心理"。

然而，尽管弗洛伊德对心理学研究做出了重大贡献，可是他的许多概念和理论已经过时。批评者认为，它们以男性为中心，反映了维多利亚时代的性观念；其中许多理论无法被检验，因此也无法被证伪（无法用科学证明或反驳）。在本章中，我们将探讨弗洛伊德的一些主要理论，以及它们对心理学研究产生的影响。

1856年5月6日，西格蒙得·弗洛伊德出生于奥地利摩拉维亚（今属捷克共和国）的一个犹太家庭，是八个孩子中的长子。他的父亲是一名羊毛商人。1860年，为养活年幼的孩子，弗洛伊德全家迁往维也纳，父亲在那里寻找新的商机。弗洛伊德曾梦想长大成为一名律师，然而，高中毕业后，他将注意力转向"想要了解世界的奥秘，并为理解它们做出些许贡献的冲动"。

17岁那年，他进入维也纳大学医学院，并于

1877年发表了第一篇论文（关于鳗鱼性器官的研究，或许也是他日后一些理论的伏笔！）。大学毕业后，弗洛伊德在维也纳综合医院专门研究人类大脑和神经系统，后来在巴黎实习时，他对使用催眠术治疗歇斯底里症和神经官能症产生了兴趣。1886年，他开设了私人诊所，专门治疗神经失调症。1897年，即他父亲去世的第二年，弗洛伊德开始了自我分析，他分析自己的梦，并于1899年出版著作《梦的解析》。

1902年，弗洛伊德在维也纳大学医学院担任神经病理学教授，在那里他结识了一批志同道合的学者。每个星期三，他都会邀请一小群医生在公寓里讨论心理学和神经病理学，成立了"星期三心理研究小组"，或称维也纳精神分析小组，后来发展为延续至今的国际精神分析协会（IPA）。许多杰出的心理学家都在不同时期担任过该协会的主席，比如首任主席卡尔·荣格。

卡尔·荣格（1875—1961），瑞士精神医学家和精神分析学家，比弗洛伊德小19岁。1906年，荣格将自己的一些研究结果寄给弗洛伊德，两人因此相识。在短暂的书信往来之后，他们正式在维也纳会面。据说两人一见如故，第一次见面就交谈了约13个小时。

弗洛伊德认为荣格就像自己的儿子，并将他视作精神分析的接班人（尽管当时荣格已经有了妻子和六个孩子）。然而，1912年，在一次美国巡回演讲中，荣格公开批评弗洛伊德的"俄狄浦斯情结"，两人因此结怨，关系破裂。在1914年出版的论文《精神分析运动史》中，弗洛伊德否定了荣格的贡献。有人说，两人分道扬镳的根本原因是对精神分析方法的意见分歧；也有人说，其中有更多个人原因。但无论怎样，弗洛伊德和荣格的理论不可避免地交织在一起，其中有许多相似之处，也有明显的分歧，我们将在本章继续讨论。

第一次世界大战爆发后，国际精神分析协会和弗洛伊德的工作被迫中断。1933年，纳粹公开烧毁弗洛伊德的作品，弗洛伊德逃离维也纳，前往伦敦。在那里，人们搭建了一个类似他在维也纳的诊室，以便他继续行医。战后，弗洛伊德的工作主要集中在发展理论，并用这些理论来分析艺术和文学作品。1939年，弗洛伊德去世，享年83岁。他的毕生心血对心理学及其他领域产生了重大影响。

要理解弗洛伊德对人类行为的观点，我们需要回顾他研究心理学时采用的生物学方法。青少年时期的弗洛伊德买了《物种起源》的第一版，对达尔文的自然选择学说非常着迷。既然生物可以将生理特征传给后代，为什么心理特征就不可以呢？弗洛伊德认为，人类的许多行为都源自无意识的生物冲动，而这些冲动又受到意识的调节。由此，他提出了人格结构理论：完整的人格结构由三大部分组成,即本我、自我和超我。

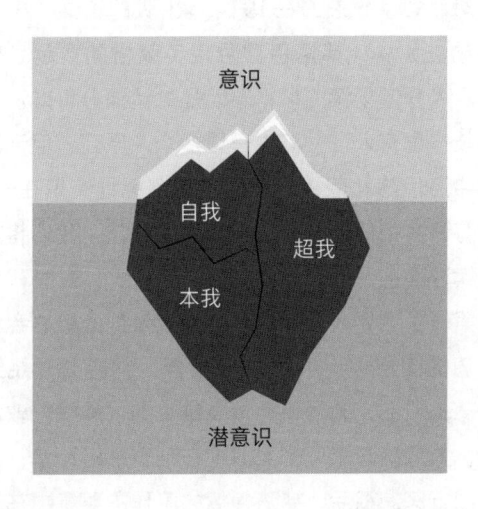

本我存在于我们的潜意识中,代表原始冲动和本能欲望,主要由两个部分组成(均以古希腊神话中的人物命名):厄洛斯,即生命(或性)本能;塔纳托斯,即死亡本能。本我鼓励我们冲动、随心所欲和为所欲为。弗洛伊德认为,所有婴儿生来就有发育完全的本我,这促使他们为了生存而去寻求满足食物等方面的基本需求。

超我在很大程度上也存在于我们的潜意识中,但它会影响意识。超我代表我们在童年时期习得的道德原则——也就是说,我们并非生来就具备功能完备的超我，它是在与家庭和社会的互动中发展形成的。超我由良心和自我理想两部分组成。如果我们没有达到超我理想化的道德准则，就会感到内疚和羞愧。

自我是有意识的，负责调节本我的冲动与超我的管制。自我受"现实原则"支配，这意味着它试图找出现实方法来满足本我的需求，同时又能在社会中正常运作。如果我们对本我的所有需求都言听计从，行为就会变得冲动和混乱，自我便负责防止这种情况的发生。

弗洛伊德认为，存在于潜意识中的本我和超我不断冲突，试图影响意识中的自我。心理健康的人能调节本我和超我的影响；对心理不健康的人来说，本我或超我可能因过于活跃而无法被满足，从而引发焦虑或其他心理健康问题。我们常常将本我和超我比作经常出现在卡通人物肩上的小恶魔和小天使，让主人公在做坏事或好事中选择。如果自我和超我中的其中一个胜过了另一个，自我就会感到困惑和无助。

自我需要保护自己免受偶尔来自本我和超我的不合理需求的伤害，它通过使用**防御机制**来做到这一点。弗洛伊德认为，虽然我们通常意识不到潜意识的运作，但可以通过解梦等心理疗法来揭示它们的影响。如果你曾被告知自己在否定或压抑某种情绪，那么你一定对其中的一些机制有所了解。下表列出了四种比较常见的防御机制，但我们要知道，它们并不仅限于这四种。

防御机制	描述	举例
压抑	将创伤性或令人不安的想法排除在意识之外	不记得童年时受过的虐待或欺凌
否认	假装某些现实或事实并不存在	拒绝接受自己身患绝症的事实
投射	将不为自我意识所接受的想法归咎于他人	认为你和某人不合是因为对方讨厌你,而事实是你不喜欢对方
转移	将不为自我意识所接受的想法或冲动转移到一个较安全、可接受的对象上	与他人争吵时,不是直接打架而是砸杯子

虽然我们生来就有发育完全的本我,但自我和超我是在成长过程中逐步发展的。弗洛伊德认为,我们在成长过程中会经历所谓的"性心理发展阶段",并在这些阶段得到父母的支持。之所以称为"性心理",是因为它们与我们的性驱力或"力比多"的发展有关。如果固着或非正常停留在某个阶段,成年后的行为就会受到影响。例如,弗洛伊德认为,如果一个人留恋于口唇期,成年后就可能有咬指甲的习惯。当然,我们不会意识到自己经历了这些阶段,因为在弗洛伊德的理论中,它们存在于潜意识的脑海中。

阶段	性敏感区	主要活动	固着于该阶段产生的问题
口唇期 0~1岁	口腔	吸吮、咀嚼和咬合，经历母乳喂养和断奶	吸烟、咬指甲、贪吃等
肛门期 1~3岁	肛门	大小便排泄，经历如厕训练	过于邋遢或控制欲过强
生殖器期 3~6岁	生殖器	刺激性器官，经历恋母情结或恋父情结	嫉妒、虚荣和不健康的性欲
潜伏期 6~12岁	无	理解世界	此阶段无固着问题
生殖期 12岁之后	生殖器	—	此阶段无固着问题

弗洛伊德关于性心理发展阶段中生殖器期的理论尤为引人关注。在这一阶段，儿童开始注意到男性与女性之间的身体差异，并在父母的帮助下度过两种颇具争议的情结中的一种：男童的恋母情结和女童的恋父情结。

出现恋母情结时，男童希望占有母亲，取代父亲。他们认为父亲是自己的竞争对手，同时也担心自己会因为这种感觉而被父亲惩罚，这就是所谓的"阉割焦虑"。

在恋父情结（也称"厄勒克特拉情结"，最早由荣格提出，曾遭到弗洛伊德的质疑）中，女童被认为会产生"阴茎羡妒"。她们发现自己缺少阴茎,家中的男性成员却有,于是产生了渴望。弗洛伊德认为,以女童的逻辑来看,是母亲割掉了自己的阴茎。而一旦女童意识到自己有缺陷,就会压抑对母亲的愤怒,用怀孕的愿望取代对阴茎的渴望。

如果一个男童成功度过了生殖器期,并解决了恋母情结,他就会开始模仿父亲,表现出典型的男性行为。不过,根据弗洛伊德的观点,女童永远无法完全解决"阴茎羡妒"。这一观点遭到了德裔美国心理学家和精神病学家**卡伦·霍妮**(1885—1952)的严厉批评,她否定了弗洛伊德的"阴茎羡妒",并指出该现象是由错误的"男性自恋"导致的。

荣格也不赞同弗洛伊德的恋母情结。他认为该理论"过于消极"且不完整。虽然弗洛伊德和荣格都认为潜意识会影响个体行为,以及过去的经历可能被压抑,但荣格指出,对未来的期望也会对行为产生影响。此外,他认为力比多不仅基于性满足,还由一系列动机激发。

荣格认同人格结构由本我和潜意识组成,但他相信我们的潜意识要比弗洛伊德所描述的占比更多。荣格认为,除"个人潜意识"(暂时遗忘的信息和被压抑的记忆)外,还存在一种人类共有的"集体潜意识"。它包括来自人类祖先的先天记忆、精神图像和思维模式,它们塑造了人类的心理结构,并与我们的进化历史紧密相连。荣格将其总称为"原型"。

为解释如宗教、道德等人类共有的跨文化观念,荣格提出了"先天""普遍"和"遗传原型"等概念。一些例子还包括常见的恐惧症,比如对蜘蛛的恐惧。荣格认为,原型有无数种,但主要有以下四种形式。

人格面具:这一原型的英文名"persona"源自拉丁语中的"面具",象征着我们在不同场合戴上的社会性面具。成长过程中,儿童被教导不同的社交场合对应着不同的行为模式。这一原型可以帮助人们适应周遭的世界。

阴影:阴影与本我相似,它包括原始的性和生命本能,以及所有在社会规范和个人道德标准下被视为不可接受的欲望。荣格认为,这一原型存在于潜意识中,可能以怪物或恶魔的形象出现在梦境里。

阿尼玛和阿尼姆斯:这类原型与我们的生理性别有关,阿尼玛代表男性内心的女性形象,阿尼姆斯与之相对,代表女性心灵中的男性形象。阿尼玛或阿尼姆斯会受到集体潜意识的影响,也由儿童成长过程中的性别社会化塑造。荣格认为,如果一个人被迫严格遵循传统的性别角色,而无法探索自己心灵中异性的那一部分,其心理发展就会受到负面影响。

自性:自性是人类心灵的整体,包括意识和潜意识。荣格认为，自性是一个人的人格核心，而自我是意识的核心。

弗洛伊德和荣格的理论还有其他不同。例如，荣格强调"超心理学"和"超心理现象"；弗洛伊德则认为，试图解释这些经历会使精神分析学背离科学，产生负面影响。尽管两人最终分道扬镳，但他们都对心理学产生了不可估量的影响，并为未来理论的发展奠定了基础。

有必要说明的是，这些理论诞生于维多利亚时代。在当时，母亲作为照顾者、父亲负责养家的性别刻板印象占据主流。异性关系是"正常"和功能性的，男性和女性都应该努力实现各自的性别角色。另外，我们还必须指出，弗洛伊德理论中对男性和女性心理的分析都带有男性视角，他的许多理论也是无法证伪的。不过，尽管存在这些缺陷，但我们无法否认弗洛伊德和荣格对心理学研究的深远影响。弗洛伊德是最早在人类的童年经历和成年后的行为之间，以及人类行为与生俱来的生物驱力之间建立联系的人之一。总而言之，弗洛伊德对人类心理的分析虽然在某些方面近乎奇幻，但仍具有开创性的意义。

第四章

行为主义心理学

当所学的知识都被遗忘后，剩下的就是教育。

——B. F. 斯金纳

无论你的记忆力如何,行为主义心理学家都会说:学校的课程并不是你主要的学习来源。他们会说,你现在的行为是过去所有经历的表现结果。通过观察、模仿,以及可能发生的强化或惩罚,这些经历教会你该如何行动和感受。采用行为主义方法的心理学研究让我们对人类和动物的学习方式有了更多了解,并促进了一些非常有效的恐惧症疗法的发展。此外,它也被广泛应用于多个领域,包括动物训练、教育中的行为管理和运动心理学等。本章我们将探讨人类如何从经验中学习的相关理论。

19世纪90年代,**伊万·巴甫洛夫**(1849—1936)无意间发现了一个重要的学习理论。当时,为研究狗的消化系统,他正在进行一组生理实验,这些实验在今天看来存在伦理争议,也许也是有史以来最著名的心理学实验之一。为了测量狗在看到食物时分泌的唾液量,他在实验犬的唾液腺上钻孔,植入了一个连接着小瓶的导管,以接取唾液。分泌唾液是反射动作,即狗无须习得也无法控制的一种反应——每当饲养员带来美味的食物时,狗就会流口水。另外,对于一切与送餐相关的线索,比如听到饲养员的脚步声或看到白大褂时,狗似乎也会分泌唾液。许多铲屎官都可以证实,即使是狗粮罐头的轻微响声,也会引起方才沉睡的拉布拉多犬的强烈反应。不过,巴甫洛夫运用科学方法建立因果关系，对该行为做出了解释，并因此获得1904年的诺贝尔生理学或医学奖。与此同时，他研究了我们是如何通常在无意识的情况下，将一件事物与另一件事物联系起来的，即"经典条件反射"。

经典条件反射的本质是通过建立联结进行学习。在经典条件反射过程中，两个刺激反复配对出现，直到彼此产生联结。最终，两个刺激都会引发同种反应。

在巴甫洛夫的实验中，他设置了两个刺激。第一个是**"无条件刺激"**：食物。之所以是"无条件"，是因为狗在未经学习（或未受条件作用影响）的情况下就对这种刺激做出了反应。这一无条件刺激引发了分泌唾液的无条件反应。第二个是**"中性刺激"**（此前与第一个刺激并无任何联结），巴甫洛夫使用的是蜂鸣器。随后，他使食物和蜂鸣器这两种刺激多次同时出现，直到狗意识到蜂鸣器响意味着食物即将到来。一旦形成了这种联结，即便没有食物，狗也会在听到蜂鸣器响声时分泌唾液。此时，狗流口水的反应便是**"条件反射"**，因为它是经条件作用习得的。

经典条件反射不仅会出现在动物身上，也常常在不知不觉间发生在人类生活中。正是因为产生了习得性联结，我们才会在看电视时常常感到饥饿；拉布拉多犬才会将狗粮罐头（或你的罐头！）的声音与美味的食物联系起来。训练动物时，我们可以利用这种联结提高效率；但在试图改掉坏习惯时，它也可能成为阻碍。

下图是巴甫洛夫的实验示意图,铃铛声为中性刺激。但实际上,巴甫洛夫使用的是蜂鸣器或节拍器。因为历史上某个时期对俄语原文的错译,多数人都错误地认为他在这项研究中使用的是铃铛。

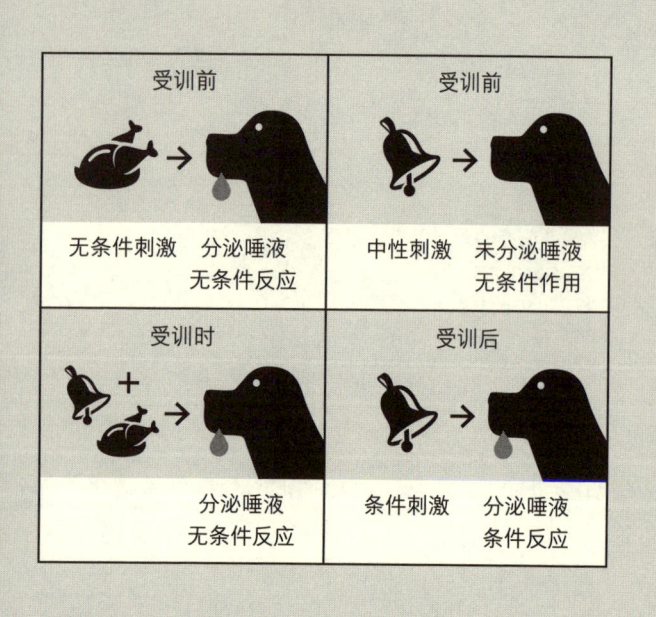

受训前	受训前
无条件刺激　分泌唾液 无条件反应	中性刺激　未分泌唾液 无条件作用
受训时	受训后
分泌唾液 无条件反应	条件刺激　分泌唾液 条件反应

训练人类

1920年，**约翰·华生**（1878—1958）在巴甫洛夫的研究基础上进一步探讨条件反射是否也适用于人类。他与助手罗莎莉·雷纳（后与华生结婚）共同进行了一项颇具争议的研究。他们故意让一个婴儿对小动物产生恐惧，这个婴儿的代号为"小艾伯特"。

被选中时，小艾伯特（如今一般认为他的真名是道格拉斯·梅里特）只有9个月大，他的母亲与华生和雷纳在同一家医院工作。关于小艾伯特的母亲是否知晓实验的具体细节，相关记载不尽相同。但最近的证据表明，她是自愿交出自己的孩子参与实验的，因为华生和雷纳声称，他们会采取相应的措施来逆转由实验引起的条件反射。

研究者首先让小艾伯特接触了一系列不同物品，包括各种动物（白鼠、兔子、狗、猴子）、有毛发和无毛发的面具、羊毛、燃烧的报纸等，结果发现，小艾伯特对这些物品的反应都很正常，没有表现出明显的恐惧。这也证实了，他在之后几周里表现出的恐惧一定是由他即将经历的可怕测试造成的。事实上，华生和雷纳之所以选择小艾伯特，就是看中了他"沉默、冷静"的性格。

小艾伯特11个月大时被送回了实验室。这一次，当他看到白鼠并伸手去触摸时,华生和雷纳在他身后用铁锤敲击悬挂的铁棒,制造出巨大的声响。小艾伯特被巨响吓到大哭,并试图逃跑。在接下来的几周里,他们不断重复这一过程,将巨响与白鼠配对,直到小艾伯特将两者联系起来。最终,当白鼠出现在他面前时,他会哭着后退、转身、试图离开。又过了几周,华生和雷纳发现,小艾伯特开始害怕与白鼠相似的物体,比如毛皮大衣或白胡子面具。此前,他们的大部分实验都在一间灯光充足、平时用于冲洗照片或X光片的暗室进行,但当他们把小艾伯特带到另一个房间(一间宽敞明亮的阶梯教室)时,他仍然会对这些物品感到恐惧,这表明小艾伯特可以将自己的恐惧感泛化到不同环境中。他们还发现,即使是在一个月后,再次看到这些物体的小艾伯特仍然会表现出恐惧。尽管在后两种情况下,小艾伯特的恐惧相较之前都有所减轻。

在实验完成之前,小艾伯特和他的母亲搬走了,华生和雷纳没有机会实现他们的诺言——逆转小艾伯特经历的条件反射。人们普遍认为小艾伯特在年幼时不幸死于脑水肿,因此这种造成恐惧的条件反射持续了多久、该反射是否会影响他的一生,我们都不得而知。但大量研究表明,人类习得的反应可以泛化到其他情境和物体上(例如,如果你害怕爬动的蜘蛛,可能也会害怕螃蟹的移动)。随着时间的推移,这种恐惧也会逐渐消失（被遗忘）。

像小艾伯特这样的习得性反应通常被认为可能发展成恐惧症——一种会影响日常生活的持续性非理性恐惧。心理医生可以采取系统脱敏疗法来帮助病人重新学习对刺激的反应。该疗法主要采用一种新的、压力较小的条件反射（如放松）来取代另一种条件反射（如恐惧）。

系统脱敏疗法

系统脱敏疗法将使患者感到焦虑或恐惧的对象分解成不同等级,按照对患者的刺激程度由小到大排列(脱敏层级)。每个等级都会搭配一种放松方式,比如控制呼吸。以蜘蛛恐惧症为例,训练步骤可能是:

1. 触摸一张带有蜘蛛的图片,同时进行放松训练。
2. 与死蜘蛛待在同一间房间,同时进行放松训练。
3. 触摸一只死蜘蛛,同时进行放松训练。
4. 站在一只活蜘蛛旁,同时进行放松训练。
5. 触摸一只活蜘蛛,同时进行放松训练。
6. 握住一只活蜘蛛,同时进行放松训练。

治疗结束后,患者将学会将恐惧刺激(本例中的蜘蛛)与新的反应(感到放松)联系起来。在交互抑制(个体不可能同时对同种刺激产生两种对立的情绪反应,如恐惧和放松)的作用下,患者面对恐惧刺激时将不再感到恐惧。

系统脱敏疗法的好处在于,患者可以与治疗师共同商定每个治疗阶段的内容;患者可以设定自己的极限,并在需要时回到上一阶段。重新学习对一个刺激的反应比其他治疗方法的成功率要高,比如满灌疗法

（让患者想象或直接进入最令其恐惧或焦虑的情境）。但系统脱敏疗法并非对每个人都有效，也不适用于所有类型的恐惧症。

1938年，美国心理学家、哈佛大学教授B. F. 斯金纳（1904—1990）提出了一种新的学习理论——**操作性条件反射**。该理论认为，人类基于奖惩机制习得新行为。当接收到积极反馈时，该行为就很可能被重复；如果是消极反馈，该行为则可能消失（或减弱）。

我们把场景设定在学校。例如，你花时间画了一幅特别漂亮的画，老师因此称赞了你，奖励你了一张贴纸，或者哪怕只是简单的口头表扬。这些都可能促使你开始重复这一行为，或最终使你满怀热情地选择了艺术道路。再比如，有一次你因没有按时交作业（也许是巴甫洛夫的狗把作业吃了？）而被留校。从那次起，你开始严格遵守老师规定的截止日期，并在此之前完成作业。也许现在的你已经不再把当年学校颁发的奖状放在心上了，但会为了工作中的晋升机会或奖金兴奋不已。道理相同，只是你处在不同的年龄罢了（不过，如果各位老板也能考虑贴纸奖励的话，我们上班时泡咖啡的时间可能会少一点儿！）。

斯金纳其实对成为一名心理学家兴趣不大。20岁出头时，他偶然在《时代》杂志上读到一篇H. G.

威尔斯撰写的文章。这篇文章介绍了伊万·巴甫洛夫和他的经典条件反射实验，威尔斯对巴甫洛夫对条件反射的系统性研究大加赞赏。从此，斯金纳将巴甫洛夫视为偶像。1929年8月，25岁的斯金纳有幸参加了巴甫洛夫在哈佛大学医学院举办的讲座，并在那里买到了一张偶像的签名照。他一生都带着这张照片，把它挂在不同的办公室里，最后挂在剑桥的家中。1979年，斯金纳回忆学生时代时写道："我开始建立一个图书馆，从伯特兰·罗素的《哲学问题》、约翰·华生的《行为主义》、伊万·巴甫洛夫的《条件反射》开始，我认为这些书已经为我投身心理学做好了准备。"

斯金纳最著名的理论来自对老鼠进行的操作性条件反射实验：一旦箱内的老鼠按下杠杆，就会得到食物奖励。第二次世界大战期间，斯金纳参与了"鸽子计划"。这个雄心勃勃的项目计划利用操作性条件反射理论研制一种由鸽子的习得行为控制的导弹。在该项目中，斯金纳通过奖励机制训练鸽子啄击屏幕上的特定形状，随后将鸽子放入导弹的鼻锥，通过啄击屏幕上的目标图形，利用传感器引导导弹飞向目标。在电子制导系统得到改进并被证明能投入应用后，鸽子计划被取消了。对斯金纳来说，这个结果是不幸的；但对鸽子来说，是幸运的。

巴甫洛夫和斯金纳的想法是对的，但他们并没有考虑到我们可以只靠观察学习；同时，他们也忽略了刺激与反应之间可能发生的过程。1977年，**阿尔伯特·班杜拉**（1925—2021）指出，我们一直在观察他人的行为。他将那些我们特别认同的人称为"榜样"。

班杜拉的一系列实验表明，如果儿童看到一位成人榜样击打波波娃娃（一种充气玩具，被击打时会前后摇晃），他们很可能重复这种攻击行为。而如果他们观察到榜样在善待玩偶，往往也会学着这样做。特别有趣的是，如果榜样与观察儿童的性别相同，这种模仿就会更常见。另外，如果儿童观察到榜样因某种行为得到了奖励，模仿该行为的可能性甚至更高。

例如，你看到父母夸奖哥哥姐姐听话，于是也开始模仿他们的行为。在班杜拉的研究之前，人们认为电视或体育竞赛中的攻击性行为可以净化我们的暴力冲动。而现在，人们对电视在青少年心智发展中可能扮演的角色产生了担忧。

如果回顾一下这些有关学习的理论，你可能发现，自己的某种行为与某种中性刺激匹配在了一起，或因某种奖励强化而来；或者，你因曾目睹到别人受惩罚，而避免做出某种行为。也许你已经记不起确切的情景：是什么让你在走路时避开路面的缝隙？又是什么让你在考驾照时特意穿上了那条幸运裤子？但不可否认的是，后者为你消除了一些担忧和焦虑，而这可能就是导致你持续该行为的强化因素。

一些心理学家认为，行为理论可以在一定程度上解释我们对食物的好恶。比如有次你冒着危险吃了过期的大虾，有了不太愉快的体验，于是你的大脑便把恶心的感觉和你最喜欢的食物联系在了一起。有些习得行为可能不那么明显，但它们会控制我们。在社交媒体上发帖可能会与点赞和关注带来的正反馈联系在一起，从而鼓励人们重复该行为，哪怕会带来负面影响。这个例子与成瘾心理学以及恐惧症的相关研究和治疗有相似之处：是什么让一种奖励比另一种更有吸引力？是什么导致一种充分习得的行为消失？行为是复杂的，而如果只认为我们是"学会了某种行为"，是否过于简化了呢？

行为心理学家对观察因果关系很感兴趣，这使行为心理学被视作心理学中较为传统的一个领域。在这一领域中，可以建立明确的变量，情绪反应也能被轻易测量。行为心理学家研究环境刺激如何引发特定的行为反应，却忽略了在两者之间发生了什么——也就是思维过程。由此，我们引出下一章……

第五章

认知心理学

行为心理学家用十分客观、科学的方式来研究人类行为，以此回应心理动力学的主观结论。他们强调控制刺激和观察反应，通过直接观察来衡量因果关系。但这一方法忽略了行为背后的思维过程，认知心理学却能做到这点。在观察刺激和反应之外，认知心理学家希望解释这两者之间发生了什么。在本章中，我们将了解这一心理学分支如何利用科学方法来解释这一过程：在可观察到的因果之间，大脑中到底发生了什么？

认知心理学的研究范围涉及许多我们在日常生活中可能很难注意到的思维过程。但一旦它们停止正常运作，你一定会发现。认知心理学旨在理解那些塑造我们的高层次认知过程。例如，我们如何使用语言、解决问题或创造记忆。

大脑中不乏来自外部世界的信息（外部刺激）。一些认知心理学家认为，大脑就像计算机一样处理信息：接收输入（外部刺激），进行处理（认知），再产生输出（行为或情绪）。大脑对信息进行高效编码、检索文件、存储新文件，同时判断哪些功能需要立即执行，哪些任务可以暂时忽略或在后台运行。认知心理学研究的就是这些系统的运行方式，以及当它们停止运行时会发生什么。

阐明认知发展的过程是心理学家**让·皮亚杰**（1896—1980）毕生的事业。皮亚杰出生于瑞士，从小就对生物学和大自然着迷。年仅10岁时，他就发表了一篇关于白化麻雀的文章。18岁之前，他撰写的几篇关于软体动物的论文也被刊登在了科学期刊上。1915年，皮亚杰获得纳沙泰尔大学生物学学士学位。1918年，他在苏黎世大学的布鲁勒精神病诊疗所工作。在那里，他对心理学产生了浓厚的兴趣。1919年，他前往巴黎大学学习病理心理学。同时，皮亚杰还对哲学的一个分支——认识论（对知识和理性信念的研究）非常感兴趣。他将自己的兴趣与经验结合，发展了学习理论（结合生物学和心理学，关注我们如何获取知识），这些理论至今仍有影响力。

1920年，皮亚杰在巴黎给著名心理学家阿尔弗雷德·比奈和西奥多·西蒙当助手。比奈和西蒙受法国政府资助，寻找帮助在学习上有困难的儿童的方法。他们发明了标准化智力测验，并于1905年制定了第一个智力量表（比奈-西蒙智力量表）。皮亚杰在巴黎期间，西奥多·西蒙使用智力测验观察年龄相仿的儿童是否会在推理过程中犯类似的错误。然而，皮亚杰却对孩子们为什么会给出错误的答案更感兴趣，他要求孩子们在完成测验后阐述自己的推理过程。皮亚杰发现，儿童的确使用了逻辑推理，但因为他们没有足够的生活经验来知道所有正确答案，因此会用想象力来填补空白。这一发现不仅表明智力和知识并不等同，还为皮亚杰提供了关于逻辑推理能力如何发展的线索。

接下来的几年里，皮亚杰继续观察儿童，研究儿童如何做出判断以及如何解释这些判断。最终，他写了50多本书，发表了数百篇文章。虽然皮亚杰的目标是用科学方法来解释认知发展，也赞同比奈和西蒙的研究方法，但他的观察方法更为复杂。皮亚杰的研究员必须经过整整一年的培训才能开始收集数据。基于研究，他提出了一系列解释儿童认知发展的理论，即"**发生认识论**"或称"**认知发展论**"。从根本上说，皮亚杰认为儿童主要通过与周围环境互动来获取知识，并且这些知识会不断得到补充和调整。在他的理论中，知识可被分为三类：

1. 物理知识（关于实物的知识）
2. 逻辑—数学知识（关于抽象概念的知识）
3. 社会—习俗知识（关于特定文化概念的知识）

皮亚杰还认为，儿童的认知发展需要经历四个阶段：**感知运算阶段、前运算阶段、具体运算阶段和形式运算阶段**。所有儿童都会按照相同的顺序经历这些阶段，但具体年龄可能存在不同。这一发展过程也受到许多因素的影响，如文化、生理发育等。

阶段	年龄段	说明
感知运算阶段	0~2岁	儿童开始用触觉等感官探索世界，形成"客体永恒性"（当客体从视野中消失时，知道该客体依然存在）
前运算阶段	2~7岁	儿童学会用语言和图像来认识世界。语言能力得到发展，开始通过想象和假扮来玩游戏。以自我为中心，主要从自己的角度看世界
具体运算阶段	7~11岁	儿童的思维活动开始具有逻辑性。他们懂得物体的形状会改变，但体积仍然不变（守恒），并开始运用数学概念，理解因果关系
形式运算阶段	11岁之后	儿童可以使用抽象思维并假设情景。开始使用道德等概念进行推理，并能进行演绎推理

皮亚杰认为，随着生理上的成熟以及从环境中不断积累知识，我们都会逐步经历这些阶段。在每个阶段，我们会创建一些小型"信息包"，它们被称为"图式"。我们经由**图式**认识世界如何运转，并在经历新体验时不断做出调整，这一过程包括组织、同化和顺应等机制。**组织**是一种协调现有图式并将其组合成更复杂行为的能力。例如，婴儿可能会把寻找、伸手、抓握和吮吸等图式组合起来，以喂饱自己。当经

历某种新事物时,我们会将新信息**同化**到已有的图式结构中。如果有了新的经验,却发现当前的图式并不奏效,我们就会感觉到**不平衡**。这时,便需要调整当前的图式来顺应新经验。而当我们的图式能处理新经验时,就会恢复到**平衡**状态。

在儿童学习不同种类动物的名称时,许多家长应该可以意识到这一认知适应过程。例如:

同化:一个孩子看到一只鸭子,父母说:"看,一只鸭子!"此时,孩子已经建立了一个关于鸭子的图式,其中可能包括鸭子有羽毛、翅膀和喙等事实。

不平衡:孩子看到了另一种长有翅膀、羽毛和喙的动物,那是一只鸽子。孩子对父母说:"看!一只鸭子!"父母告诉孩子不对,那是另一种鸟,叫鸽子。这时,孩子正在经历经验失衡状态——关于鸭子的图式不灵了。

顺应:孩子把新经验整合进已有的图式中。鸟都有翅膀、羽毛和喙,但灰色的鸟是鸽子而不是鸭子,鸭子会在水面上发出"嘎嘎"的叫声。

平衡:现在,孩子对鸭子和鸟类都有了更准确的图式。

在皮亚杰的认知发展理论中,他将儿童看作科学家,认为他们很大程度上是在独立地探索世界。这与俄国心理学家**列夫·维果斯基**(1896—1934)的理论形成了鲜明对比。维果斯基曾在莫斯科大学和沙尼亚夫斯基人民大学学习法学、文学和文化。而维果斯基工作期间，正值苏联社会科学学者受到严格审查的时期。20世纪20年代，维果斯基访问了几个欧洲国家，也因此承受了巨大的压力。他于1934年出版代表作《思维与语言》，同时遭到打压。因此，直到其作品在20世纪六七十年代被陆续译为英文，维果斯基的研究成果才在西方得以传播。不幸的是，他在38岁时死于肺结核，留下了许多尚未完成的工作。

与皮亚杰不同，维果斯基强调社会互动在儿童发展中的作用。他提出最近发展区（ZPD）的概念，指儿童实际的发展水平与潜在的发展水平之间的差距。该理论认为，知识更丰富的他人（比如父母、老师或同伴等）将使儿童的最近发展区不断缩小，从而促进儿童学习。他们对儿童的能力和理解力构成了直接挑战，但不至于使其感到挫败。儿童则需具备应对和理解挑战的基本技能，同时在外部支持下取得进步。这些理论对教育有着深远的影响，在英国至今仍是实习教师的必修课。

学习者无法解决的内容

最近发展区（ZPD）

学习者可独立
解决的内容

学习者可在指导下解决的内容

视错觉

在下图中,你看到了什么?是一个花瓶还是两张人脸?

像这样的问题被称为"视错觉",是我们的大脑试图处理两组视觉上非常相似的不同信息的结果。

内部心理过程

在本章开头我们说过,认知心理学家感兴趣的是探究刺激和反应之间发生了什么,即形成思维的过程。现在,我们就将详细讨论其中一种认知过程:大家都很熟悉的记忆。说到记忆,你的大脑可能会立刻准确定位并检索出对你来说最珍贵或最生动的记忆,那些承载着强烈情感或有特殊意义的事件。但是,如果让你列出学校全年级同学的名字,或者准确答出上周二上午10点50分在做什么呢?你可能对以下问题感到好奇:为什么我们能轻松记住一些事情,另一些却记不住?每天都有大量的外部刺激不断进入感官,我们的大脑是如何进行优先级排序的?它有没有可能记住所有我们想要记住的事情呢?

人类更愿意相信自己对事件的记忆。我们如此看重记忆,以至于目击证人的证词可以决定一起法庭案件的判决。然而证据表明,记忆并没有那么可靠。我们会夸大自己在某事件中的作用,或用不一定准确的信息填补记忆的空白。美国认知心理学家**伊丽莎白·洛夫特斯**(1944—)和**约翰·帕尔默**进行的一系列研究表明,不管是多么难忘的事件,记忆都可能受到语言暗示的影响。即使是一个单词,也可能极大地改变记忆。

1974年，洛夫特斯和帕尔默运用引导式问句（通过有意操纵或偶然影响的方式"引导"证人得出特定答案的问题）来研究语言对目击者证词和记忆的影响。实验过程中，他们播放了一段车祸录像，随后询问参与者车祸发生时的车速是多少。然而，他们改变了描述事故的动词，以观察不同的提问用词是否会改变参与者的对该事件的记忆。这五个动词分别是"撞毁"（smashed）、"冲撞"（collided）、"撞击"（bumped）、"轻撞"（hit）和"接触"（contacted）。

他们发现，当被问到"两车'接触'时的车速是多少"时，参与者给出的平均车速比被提问"汽车被'撞毁'时车速是多少"的参与者给出的答案要低得多。这表明，只需改变问句中的一个关键动词，就能对目击者的记忆产生重大影响。

对问题"两车[××]时，车速是多少？"的回答	
问句中使用的关键动词	平均预估速度（千米/小时）
撞毁	65.7
冲撞	63.2
撞击	61.3
轻撞	54.7
接触	51.2

第二次实验中,洛夫特斯和帕尔默向一组新的参与者播放了一段类似的短片,并询问他们汽车是以多快的速度"轻撞"或被"撞毁"的。同时,他们加入了一个对照组。作为对照组的参与者并没有被问到有关车速的问题。

一周后,他们找回这批参与者,询问他们在短片中"是否看到了碎玻璃"。结果再次证明,一周前的提问中使用的动词对参与者的记忆有显著影响。

对问题"是否看到了碎玻璃?"的回答			
回答	不同的动词		
	撞毁	轻撞	对照组
是	16	7	6
否	34	43	44

有趣的是,尽管实际视频中根本没有碎玻璃,但就连对照组的部分参与者也错误地回忆起了该细节。

这一系列实验表明,影响记忆的不仅是大脑经历事件时获取的信息,还有事件后获得的信息。大脑在事件发生后接收的信息不仅会扭曲原有记忆,还会创造新的记忆。在洛夫特斯和帕尔默的第二次实验中,参与者记得他们看到了玻璃,实际上却没有。这不仅揭示了依赖目击者证词的危险性,还说明了在事件发生后对目击者尽早和谨慎询问的必要性。这样才能确保目击者的记忆尽可能避免受到外部影响,而人类自身的记忆机制已经会在一定程度上造成信息扭曲。

记忆，就像自由一样脆弱。

——伊丽莎白·洛夫特斯

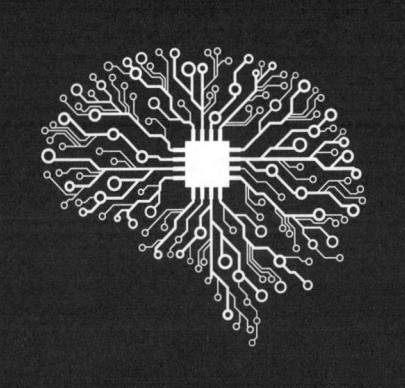

你知道吗？午睡可以提高记忆力

  2008年，德国杜塞尔多夫大学的奥拉夫·拉尔等人进行了一项研究。他们要求参与者学习30个单词，然后休息一小时，再让他们回忆所学的单词。在一个小时的休息时间里，参与者被分成两组，一组被安排小睡，另一组玩一款简单的电脑游戏。结果显示，小睡过的那组参与者记忆力明显更好。下次你想闭目养神时，不妨试试这个好借口！

洛夫特斯和帕尔默等心理学家找到了一种研究内部心理过程以及它如何被影响的方法，却尚未探究它最初的形成过程与原因。

认知心理学关注各种思维过程是如何发展的，因此，研究人员必须设法找出它们最初开始发展的时间。你也许不记得自己是什么时候第一次坐下来阅读的，也不记得自己在婴儿时期是怎么开始学习发音的，认知心理学却在寻找这些答案。要做到这一点，必须研究人的成长过程，从婴儿时期开始。不过，婴儿太小，无法用语言回答研究者的问题，除了可爱的咿呀学语声，他们几乎无法表达自己的想法。因此研究人员需要设计不依赖语言表达的方法，比如眼动仪、放置在人类皮肤上记录神经系统电活动的电极（也就是脑电图，或称EEG），或是经过深思熟虑的研究设计。通过运用这些方法，并将记录的电活动与行为相匹配，便促成了**认知神经科学**的出现。认知神经科学与生物学方法紧密结合，为我们提供了研究内部心理过程的另一种可能。

认知心理学的研究催生了许多成功的心理疗法，如**认知行为疗法**（CBT）。这是一种成功率很高的心理疗法，它会教患者识别和反驳自己的负面想法。例如，假设你忘带手机出门，等晚上回家看手机时，却发现没有一条信息。你感到失望、孤独、被冷落、被拒绝。为什么朋友没有打来电话？为什么没有一个人留言？或许，你根本就没有真正的朋友，也没有人喜欢你。这显然是一种不健康和负面的思维反应。认知行为疗法就将通过检查你的想法是否真的有证据支持（你并没有和任何朋友决裂，你收到的信息数量也不是衡量你自身价值的标尺），并提出另一种解释（或许那天你的朋友们只是太忙了），从而引导你建立健康的思维方式。

随着心理健康在学校、职场及媒体的关注度不断上升，我们都应该意识到，了解自己的思维过程有助于我们更好、更健康地生活。虽然心理学的其他分支也发展出了非常有效的治疗方法，但认知心理学可以帮助我们认识到导致我们产生某些行为和想法的过程。认知神经科学的发展也使心理学家可以使用fMRI技术实时观察正在执行任务的大脑。比如在某人解决问题、专注于听音乐或体验不同情绪时，观察其大脑活动。fMRI是"功能磁共振成像"的英文缩写，它使用强电磁波扫描部分大脑，据此绘制图像，类似磁共振成像（MRI）。fMRI也能通过计算氧气含量检测大脑血流的变化，从而显示特定时间内大脑哪个部分更加活跃。

心理学仍在一如既往地不断发展，新的理论也被持续验证，这将给我们所有人带来尚不可知的益处。

反驳负面想法的技巧

想一想:

1. 你的负面想法有任何证据支撑吗?
2. 你的想法符合逻辑吗?
3. 你曾在不同情况下产生过类似的想法吗?
4. 为你的负面想法提出三种合理的替代方案。

第六章

社会心理学

责任感的消失,是服从权威影响最深远的后果。

——斯坦利·米尔格拉姆

人类是一种社会性动物。进化过程中，我们逐渐开始群居，这种生活方式带来了众多好处。我们可以互相支持和学习，形成特定的社会和文化，彼此共享信息，让生活更加美好。然而，社会生活也会带来顺从的压力。我们会在不自觉中渴望被自己认同的群体所接受，并与那些不认同我们的社会规范、道德观和价值观的人保持距离。这种对社群归属的需求在很多方面对我们有利，但也会引起一些看起来非理性的行为：我们可能在内心持不同意见的情况下，表面上顺从；可能遵从权威人士的指示，即使内心觉得他们要求我们做的事是错的。

在本章中，我们将探讨心理学家如何解释人类社会行为背后的基本原则，以及这些研究对我们的独立思考和行为能力带来了怎样的启示。

你是否曾经勉强同意了一些朋友的观点，内心却觉得他们可能是错的？如果是，你并不是一个人。20世纪50年代，在美国工作的波兰心理学家**所罗门·阿希**（1907—1996）进行了一项经典实验，研究群体中的"从众"行为。

为研究群体压力下个体行为会如何趋向于多数人的行为，阿希在实验中使用了一些欺骗性手段，并制定了严格的标准化程序，以确保观察到的行为是受从众心理影响的结果，而非其他因素所致。

实验过程中，参与者（均为白人男性大学生）被告知，他们正在参加一项关于视觉感知的研究。每八人为一组，需要完成一项简单的任务：识别三条线中哪一条的长度与目标线的长度一致。是不是听起来很简单？而参与者不知道的是，同组中的另外七个人其实都是串通好了的"同伙"，即受研究者指示参与实验的演员。一开始，"同伙"会给出正确答案，但随后就会开始给出同一个明显错误的答案。通过实验，阿希想知道同组中明显占多数的七个人能否影响另一名参与者的答案。

阿希对参与者进行了18次测试，其中12次被称为"关键测试"。这几次测试中，"同伙"会故意选择错误答案。同时，阿希设置了对照组：向没有"同伙"在场的单独被试者提出同样的问题。

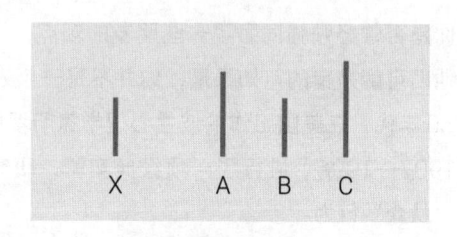

哪条线和X线等长？

阿希发现，12次关键测试中，平均每次有32%的被试者选择和多数人相同的明显错误的答案。而在所有被试者中，约75%的被试者至少有一次顺从多数人的意见，约25%的被试者从未如此。对照组中，只有不到1%的被试者选择了错误答案。这表明，在关键测试中选择和多数人一致的错误答案一定由群体压力所致，而非其他原因。

实验结束后，阿希与被试者坦陈了自己的欺骗性手段（心理学实验中的"事后解释"）并进行交谈。阿希由此得出结论，人们做出从众行为主要出于两大原因，分别是"规范性社会影响"和"信息性社会影响"。一些被试者称希望融入群体，不想显得与众不同，即"规范性社会影响"；另一些被试者则怀疑自己的感觉，真切地相信多数人才是正确的，这就是"信息性社会影响"。

阿希的实验虽然并未直接解释为什么人会在产生道德或伦理后果的重大问题上从众（毕竟，判断直线长度并不会有什么严重后果），但它提供了关于群体动力学的深刻见解。实验之后，阿希进行了一系列调整，以进一步探索影响从众行为的因素，比如改变被试者和"同伙"的回答顺序，改变多数人的比例，甚至为给出正确答案的被试者加入"盟友"。通过这些调整，阿希发现当多数人数达到三人时，从众现象最为显著，此时继续增加"同伙"影响不大。此外，在有"盟友"的情况下，人们的从众概率减小；当任务变难时，人们更可能从众。

在阿希的实验中，服从群体的理由似乎很简单：既然利害关系不大，为什么要显得和别人不一样呢？如果是十分危急的情境，某人或许也会为了自身安全或生存需要服从群体。但为什么一群人会服从一个或几个人的命令呢？人类历史上有许多这样的例子，群体在权威指示下做出非理性的或可怕的行为。为解释这一现象，以下就是一个著名的实验。

20世纪60年代，**斯坦利·米尔格拉姆**（1933—1984）进行了一项研究普通人服从权威的服从实验，该实验是心理学领域最具争议的研究之一。实验开始于纳粹军官阿道夫·艾希曼被审判的同年，米尔格拉姆根据纳粹分子的供词设计了这个实验。纳粹分子称，他们之所以做出如此可怕的行为，是因为"服从"了上级的"命令"。

米尔格拉姆开始招募参与者，参与者被告知这是一项关于学习行为的实验，自己将扮演"老师"的角色，教导隔壁房间由另一名参与者扮演的"学生"。学生回答错误时，老师就会对学生施以电击惩罚，且电击的伏特数会随错误次数提升。为监督参与者，米尔格拉姆让一个"权威人士"出现在房间。这个人穿着白色的实验室外套，如果"老师"对"学生"表示关心并要求停止实验，权威人士就会重复固定指令，比如"实验要求你继续进行"或"我会对学生负责"。电击伏特数可以逐渐提升至致命水平，而在电击强度增加到一定程度后,学生会表示抗议并要求停止实验,或突然沉默、不再回答问题。参与者不知道的是,学生是由实验人员假冒的,他们也不会受到任何伤害。

米尔格拉姆服从实验的实验室布置

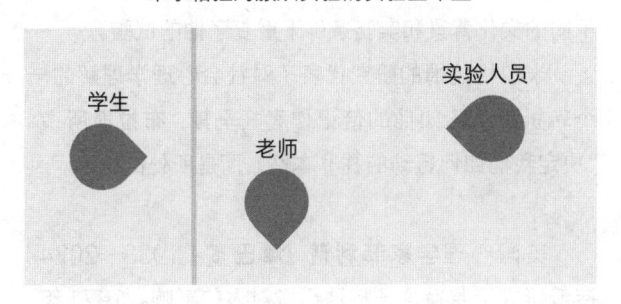

米尔格拉姆和同事预测,并不会有(或有很多)参与者施加足以对学生造成伤害的电击,但结果还是震惊了心理学界:约65%的参与者听从实验指令行事,施加了致命程度的电击。在他们看来,自己可能已经杀死了学生。

由此看来,权威人士只需表明自身权威,并暗示他们将对发生的事情承担最终责任,就能影响一个人做出可怕的行为。在米尔格拉姆的理论中,参与者从自主状态(个体认为自己为自身行动负责)转变为代理状态(个体自认为是执行他人意愿的代理,因此不需要承担责任)。

同时,米尔格拉姆的研究也受到了一些批评。有人认为,因为他的参与者是自愿招募来的,所以样本本身就更可能服从命令;或者,参与者可能已经意识到电击是假的。但无论如何,米尔格拉姆的研究仍然对心理学界造成了深远影响,此后的许多研究者都在不同的文化背景和实验条件下重复了他的试验。

米尔格拉姆的研究代表了对社会心理学理解的一个转折点,正如他的传记作者托马斯·布拉斯所说:"决定我们如何行动的并非本性,而是所处的情境。"

美国心理学家菲利普·津巴多(1933—2024)接着研究了监狱这一特殊环境对人的影响。1971年,他在美国海军研究办公室的资助下进行了著名的"斯坦福监狱实验",旨在对反社会行为进行研究。津巴多想知道,当人们被赋予特定的社会角色以及既定的行为模式,并有一定程度的匿名性时,其行为会发生怎样的变化。

在这项研究中,24名美国男性大学生自愿报名参与了一场为期两周的模拟监狱实验。实验开始前,参与者接受了健康评估,确保身心健康且没有犯罪背景。他们被随机且平均地分配为"看守"和"囚犯",每组9人,3人候补。

实验正式开始的前一天,所有看守参加了一场培训。他们被告知每天轮班工作8小时,确保任何时候都有3名看守同时在场,不得伤害囚犯,也不能私自扣留食物和水。与此同时,他们需要让囚犯感到无聊、恐惧、没有任何隐私,并且明白自己在这里的生活完全由看守说了算。在深入探讨这一实验的书籍《路西法效应》中,津巴多称他曾向看守强调:"我们拥有绝对的权力,而他们一无所有。"

通过提供不同的制服,津巴多削弱了看守和囚犯原本的个人身份。看守身着卡其色警卫制服,手持警棍,戴着镜面太阳镜。囚犯则穿着橙色罩衫,脚踏拖鞋,一只脚踝上还缠着铁链。囚犯的姓名甚至也被剥夺,取而代之的是缝在制服上的编号。

实验从各位囚犯在家中被捕开始。由于希望整场实验能让参与者尽可能感觉真实,津巴多联系了帕洛阿托市本地的警察局。当地警官逮捕了饰演囚犯的参与者,并对他们进行了常规登记程序,包括指纹采集和脱衣搜查。随后,警官将他们带到津巴多的模拟监狱内,正式开始此次体验。

到此,如果你觉得津巴多的所作所为听起来一定会出大乱子,那就对了。没过几个小时,一些看守就开始行使津巴多赋予他们的权力:在凌晨2点30分吹响哨子,唤醒囚犯,强迫他们排成一队点名。而这只是一系列惩罚的开始。囚犯开始被要求做俯卧撑,或进行无意义的重复任务。第二天一早,一群囚犯把自己关在牢房里作为反抗。看守对此做出强烈反应：用灭火器砸开门锁，闯进牢房，剥光囚犯的衣服并撤走床铺。他们开始取消囚犯的部分权力，转而又将这些权力当作特权，奖励给那些相对"听话"的囚犯。

这些手段的目的是打破囚犯们的团结，而它们的确奏效了。随着看守变得越来越强势和自信，囚犯变得越来越顺从。仅仅过了六天，原计划持续两周的实验就不得不终止。因为几名囚犯出现了类似精神崩溃的症状，可能受到身心创伤。

看守行为背后的原因饱受学术界的争议。津巴多认为，这是因为他们顺应了被赋予的社会角色，经历了"去个性化"的过程。"去个性化"是美国社会心理学家利昂·费斯廷格在20世纪50年代提出的一个概念，用来描述个体的自我身份削弱，以至于无法在群体中被识别。个体失去独立的个人身份，成为群体中的匿名成员，失去了道德感和责任感。包括津巴多在内的一些社会心理学家认为，当个体认为无须再对个人行为负责时，就会促生反社会行为，如骚乱、抢劫和其他攻击性行为。引起去个性化的因素包括情绪刺激（引发激动情绪）、匿名性（在群体中变得隐形）和责任分散（"别人也在这么做"）。津巴多的实验中，看守受到了以上所有因素的影响。

不过，批评者称，津巴多制造了一个必然会证明这一理论的情境。一些人认为，这帮年轻的参与者可能只是在演戏和嬉闹。实验发生在1971年，当时的美国社会经常出现有关监狱暴动和警察暴力的新闻，参与者的行为可能基于对监狱刻板印象的模仿，而非真实的心理变化。此外，通过向看守直接表明需确保囚犯没有任何隐私或权力，津巴多人为制造出了他想观察到的情况。一些看守公开表示，他们认为自己的行为是在帮助被试者。这一现象被称为"要求特征效应"，即参与者会根据实验者的需求改变自己的行为，以符合实验的预期。最后，津巴多没有在实验过程中干预看守的越界行为，他的沉默代表了默许。尽管津巴多在《路西法效应》中承认，他的"研究结果是以人类的痛苦为代价的"，并且为没有在实验过程中起到足够的监管作用而感到抱歉，但美国心理学会在1973年对斯坦福监狱实验进行了伦理评估，认为该实验符合伦理标准。

　　了解这项研究之后，我们也许会不禁思考：如果身处同样的情境，我们会怎么做？人们通常认为自己会基于道德和伦理原则行动，但正如我们所看到的，人类的行为并没有这么简单。关于从众、服从和去个性化的理论可以在一定程度上解释群体的暴行。一旦我们了解到，个体原来这么容易受到他人的影响，暴力骚乱、抢劫以及类似阿布格莱布监狱事件中虐待囚犯的行为似乎就得到了一定解释。尽管我们可能因为意识到个体的自主性竟如此容易受他人摆布而有所不安，但令人欣慰的是，这一认识也赋予我们力量：它让我们学会警惕群体思维、质疑权威影响，并采取措施避免被操纵。

第七章

人本主义心理学

迄今为止，我们讨论的心理学方法都倾向于采用决定论的角度看待人类行为，试图为行为找到特定、先决的原因（无论是生物因素还是个人经历），而这些原因往往都是个人无法控制的。此外，这些方法通常采用"一般规律研究法"，即试图用一套适用于所有人的普遍规律来解释人类行为。比如：某种神经递质会导致人们以某种方式行事，固着于口唇期会使某人成年后依赖他人，等等。这种对人类行为的看法令许多人感到不安，因为它表明我们实际上几乎没有自由意志或对自身行为的控制能力；同时，也引发了一系列重要的问题：我们对自身行为负有多大的责任？我们是否应该为自己的过错承担责任，又是否有权为自己的成就感到自豪？

人本主义心理学对这些观点提出了反叛性的挑战。它主张每个人都是独一无二的个体，拥有主观的生活体验，对自己的选择和行为拥有自由意志。人本主义的观点使我们可以为自身行为承担个人责任，并获得自我价值感和目标感。此前介绍的一些心理学研究力证人类行为有多么可预测和可操纵，对比起来，人本主义观点的吸引力不言而喻！斯金纳于1938年首次发表操作性条件反射理论后不久，最早与人本主义心理学相关的研究成果就于20世纪40年代出现。有趣的是，斯金纳后来提出自由意志只是一种幻觉。人本主义心理学是一场对心理动力学派和行为学派的反抗,以及捍卫个体自主性的抗争。

美国心理学家亚伯拉罕·马斯洛(1908—1970)于1943年提出**马斯洛需求层次理论**,开创了人本主义方法,后来成为美国心理学会主席。当时,大多数心理学家主要关注异常心理学和"矫正"心理问题,很少有人关注和人类经验相关的哲学问题,如目标感、成就感和个人成长。

马斯洛的理论得到了充分发展,但其基本观点是:人类的动机来源于实现一系列需求,而只有在基本需求得到满足后,我们才能追求自我实现和成长。马斯洛需求层次理论的底层是基本生理需求,包括食物、水和睡眠等。这些需求得到满足后,我们开始关注到安全需求,如就业、资源和健康。在此基础上,我们与朋友和家人建立重要关系,实现爱与归属的社交需求。个体如果实现了以上目标,就会产生尊重需求,期望得到地位和社会认可,建立自尊,自由地做出人生选择。如果一切顺利的话,少数人可能会满足自我实现需求,并经历"高峰体验"——个体进入高度愉悦的心理状态,暂时忘却时间与疑虑,思维变得灵活、开放而富有创造力,一切都变得自在轻松。谁不想这样呢?

> 如果你只有一把锤子,那么很容易将所有东西都看作钉子。
>
> ——亚伯拉罕·马斯洛

马斯洛需求层次理论：再思考

在马斯洛的理论中，一些需求优先于其他需求：例如，个体必须先满足基本生理需求，才能将注意力转向更高层次的需求。你同意这些层次的排序吗？你能举出一些例子，说明某人在未满足更基础的需求的情况下，却达成了更高层次的需求吗？你认为马斯洛的需求层次适用于每一种文化吗？

自我实现
希望成为最优秀的自己

尊重需求
尊重、自尊、地位、认可、力量、自由

爱与归属
友谊、亲密关系、家庭、情感联系

安全需求
人身安全、就业、资源、健康、财产

生理需求
空气、水、食物、住所、睡眠、衣物、性

马斯洛的方法吸引了另一位美国心理学家，即未来的美国心理学会主席**卡尔·罗杰斯**（1902—1987）。罗杰斯进一步发展了人本主义方法，将其应用于多个领域。为完善自己的理论，他撰写了16本著作，发表了大量学术论文。不过，我们将在这里尽量概括他的核心观点。

罗杰斯认为，我们才是自己心理的真正专家，只有本人才能最准确地反思和解释自身行为和动机。他强调了个体观点的重要性，即从某种程度上说，现实情况并不重要——重要的是我们如何看待它。因此，为充分发挥潜能并自我实现，需要在三个主要的自我感知（自我价值、自我形象和理想自我）之间取得平衡。如果想要充分发挥潜能，三者必须彼此重叠、相互协调，或保持一致。如果它们彼此不同，尤其是当自我形象与理想自我相去甚远时，我们就会处于不协调状态，能够达到的成就（或对成就的认识）就会受到限制。

然而，人格不协调的个体很难仅靠自己达到协调状态。我们很难准确地反思自己的感知和动机，因为它们就是我们思维运作的结果。因此，罗杰斯提出了一种非常特殊的干预方式，即"以人为中心治疗"。顾名思义，这种治疗方法以个体自身为核心，而非假定治疗师扮演无所不知的权威角色，来诊断和"修复"心理问题。治疗师应该倾听而非评判，个体则应在治疗过程中扮演积极的角色,并在治疗师的引导(协助,而非控制)下完成自我探索之旅。

罗杰斯历经数年发展了这一疗法,并在1942年出版的《心理咨询与治疗:实践中的新概念》(*Counseling and Psychotherapy: Newer Concepts in Practice*)一书中提出了"非指导疗法",与当时流行的"谈话疗法"形成了鲜明对比。在谈话疗法中,治疗师负责引导治疗过程,并提出可能的答案或诊断。1951年,罗杰斯正式出版了有关以人为中心疗法的书籍。虽然"非指导"和"以人为中心"这两个术语似乎区别不大,但罗杰斯希望用"非指导"一词重新定义治疗师与客户之间的关系,即摆脱以治疗师为中心的视角。它并非描述治疗师不能做什么,而是强调客户应该做或有能力做的事情。这一术语最终被"以人为中心"取代,但保留了许多最初的含义。

即使人本主义方法被认为过于主观,毕竟自我价值或自我实现等概念无法被客观衡量,但毫不夸张地说,它对谈话疗法带来了不容忽视的影响。

第八章

心理学的争议

研究人类经验这一复杂且往往主观的现象时，心理学家面临着将复杂的课题简化为一套简单的规则和准则的风险。从他们的理论和研究结果中我们可能得知，你的行为不受自己控制，而是由生物因素或过往经历决定的。此外，为开展心理学研究，研究者有时需要操纵或欺骗参与者。一些研究结果也可能揭示一些我们不愿面对的关于人性的真相，或带来超出心理学家预期或想象的后果。

接下来，我们将讨论心理学研究中的伦理问题、主观性研究方法与科学研究方法之间的互动、行为主义还原论的利弊，以及决定论如何影响我们对自由意志的认知。

很多人对事情的看法都是正确的，但他们仍然无法达成一致。

——库尔特·冯内古特

伦理问题

在本书的前几章，我们已经看到某些研究存在伦理问题。例如，米尔格拉姆让参与者（在短时间内）相信自己杀死了另一名参与者，巴甫洛夫则通过在实验犬的口腔植入导管和使用电击来测量其唾液量。

幸运的是，如今的心理学研究必须遵从严格的伦理规范，以保护包括人类与非人类在内的研究参与者。在英国，心理学伦理准则由英国心理学会（BPS）制定，其他国家也有类似的组织。这些指导方针的宗旨是保护参与者的身心不受伤害，并围绕以下四项关键原则展开：

1. 尊重
2. 能力
3. 责任
4. 诚信

第一项原则强调**尊重**所有参与者。心理学家必须确保参与研究的每个人都已了解详细的实验步骤，以便做出知情同意。参与者需了解自己将在实验过程中经历什么，并清楚自己有随时退出的权利。心理学家通常会为参与者准备一套需要签字的表格，其中介绍了实验内容和方法。此外，应确保所有参与者的数据和结果都严格保密，即使他们参与的是针对单个个体的个案研究。实验结束后，参与者也应接受完整的事后解释，其中会再次明确研究目标，并告知参与者在研究发表之前仍有撤回其数据的权利。

有时，研究设计可能涉及欺骗。例如，心理学家邀请参与者参加记忆测试，但实际上是想观察参与者在房间里与他人互动的方式。或者，参与者可能被要求阅读一本书并谈谈读到的内容，但心理学家其实是在观察他们的姿态和举止。在这种情况下，研究的真实目的必须在事后解释环节中清楚说明。尽管在心理学研究中，欺骗有时是必要的，但它不应给参与者带来心理伤害或痛苦。

第二项原则涉及研究人员的**专业能力**。心理学家应在工作中秉持高标准，并在恪守这一原则的同时相互支持。

第三项原则要求心理学家**负责任地行事**。心理学家必须保护参与者的心理和身体，使之免受伤害，同时还须确保研究符合社会和道德伦理。

第四项原则强调**诚信**在心理学研究中的重要性。除保护参与者外，心理学家也须对公众和更广泛的科学界负责。他们应保证发表真实准确的数据，并通过出版物分享自己的研究成果；对自己的研究进行评估，并清楚说明其研究方法可能存在的局限性，以便将来的学者能在此基础上开展进一步研究。此外，如果对同行的做法有任何疑虑，研究人员应向相关专业机构反映。

不要只是成为事实的记录者,而要努力探究其本源之谜。

——伊万·巴甫洛夫

心理学作为科学

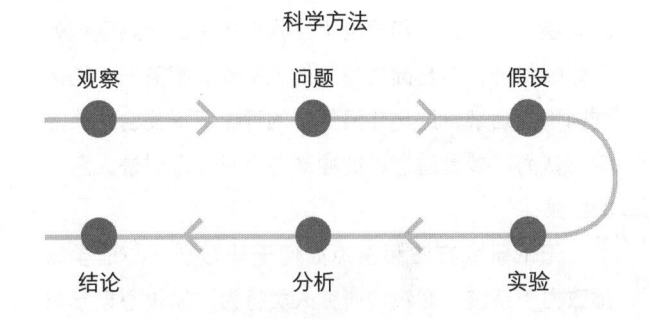

科学方法

观察 → 问题 → 假设
结论 ← 分析 ← 实验

正如你在本书中看到的,心理学的研究方法广泛又多样。它们既包括主观和内省的主题(如幸福的本质),也包括更常被视作与"理论"科学相关的主题(如神经元的功能或大脑的物质结构)。

以心理动力学为例的一些心理学领域被指责为过于主观和不可证伪,甚至太"不科学"以至于无法被认真对待。如果一种理论具有可证伪性,那就意味着我们可以通过研究来检验它,并证明它是错误的。而对于心理动力学,我们无法"检验"一个人是否经历过俄狄浦斯情结,因为弗洛伊德认为这种经历被压抑在无意识中。它无法被测量,也无法被证伪。

但这一点并不能否定这些理论的重要性。心理动力学启发了一代又一代心理学家,孕育了许多行之有效的心理疗法。并且，随着最新的大脑成像技术的出现，弗洛伊德的一些看似不可证伪的理论如今也有了一定科学依据。研究发现，在处于睡眠状态的参与者的大脑中，与意识和思维（自我）相关的大脑区域处于休眠状态，与基础生物本能（本我）相关的大脑区域则更为活跃，这与弗洛伊德的理论不谋而合。弗洛伊德认为，梦是潜意识的冲动在自我休息时进入意识的结果。

无论研究方法和重点如何千差万别，心理学家都致力于系统、客观地研究人类行为。如果心理学家想要研究人类心智和大脑，就要以前人的研究成果为基础，他们包括那些发明了显微镜的人，首次分离出单个神经元的人，以及认识到神经元中存在电脉冲的科学家。而为了给后人奠定基础，心理学家必须确保自己的工作是客观、可复制的（其他研究者可以重复该实验，观察是否得出相似结果），且必须使用科学方法。

与物理学和化学等较古老的自然科学相比，心理学似乎更为棘手：研究的对象往往是不可见的，且会被大量变量影响。其中许多变量无法控制，或从未被认为可能对结果产生影响。

例如，如果我们断言喜欢狗的人更会烤蛋糕，那么就首先需要确保所有参与者的结果具有可比性，即明确参与者烤哪种类型的蛋糕。随后，我们将创建一个标准化、可被重复应用的量表来评价参与者的烘焙水平，这样才能替代《英国家庭烘焙大赛》的评委。同时，还要制定衡量"喜爱狗的程度"的统一标准。收集完数据后，必须使用推论统计来判断我们的发现是偶然的，还是操作变量产生的结果（结果具有统计学意义）。我们还需评估：在实验室之外的真实环境中，结果是否仍然成立？最后，还需进行进一步研究，以确定得出研究结果的可能原因。我们或许发现了一种相关性，但这并不表明喜欢狗会使一个人的烘焙水平提高。

因此，要想在解释复杂的人类行为方面取得可靠的进展，心理学家必须非常了解科学研究设计。最重要的是，心理学家需要在研究结束后考虑研究结果可能带来的影响。研究成果在发表前应该先经过同行评审，为未来的研究提出建议，同时指出谁可能从该研究中获益。

和所有领域一样，心理学研究经历了许多"阶段"。但心理学家往往是在前人研究成果的基础上进行拓展，或就其做出答复。心理学的每个分支和不同方法，即使只是作为一种新方法的催化剂，都在相互补充、影响和彼此启发。

当你不被认可时,不要担心,努力让自己值得被认可吧。

————亚伯拉罕·马斯洛

还原论VS整体论

为研究人类行为,心理学家通常每次只关注一个特定的变量。他们必须将一个非常复杂的主题,如抑郁、记忆力、攻击性等,简化成几个简单、可测量的因素,而这就是还原论方法。该方法遵循科学中的简约原则,主张复杂的现象要用最简单的解释来说明。

心理学家首先需要确定想研究的行为或现象,随后设计研究步骤,以试图找到目标行为或现象与其他因素之间存在的相关性或因果关系。例如,班杜拉想要研究目睹暴力现场对儿童行为的影响,洛夫特斯和帕尔默想知道同一问题的不同表述是否会改变一个人的记忆,弗洛伊德想探究童年经历会不会影响成年后的行为。

每次聚焦一个变量,是以科学方法研究人类行为的必要条件。然而,这可能导致研究人员对人类行为的看法过于简单化,从而排除其他可能因素。这种研究方法也可能忽略人类经验的丰富性,以及与环境之间相互作用的复杂性。

心理学中还原论方法的例子:

生物心理学:抑郁症是由神经递质血清素水平失衡引起的,可以使用选择性血清素再吸收抑制剂等药物治疗。

行为主义心理学：人的行为是受到刺激的反应，可通过研究简单的环境因素来解释。

认知心理学：人的大脑就像一台计算机，有来自外在环境的输入，也有内在心理过程和行为的输出。

整体论则在研究某行为时尝试考虑多种因素。这种方法认为"整体大于部分之和"：如果想要真正理解引起行为的成因，就应考虑个体的全部经历（或至少是尽可能多的经历）。采用整体论方法时，研究人员通常依靠个案研究来深入了解影响个体行为的多种因素，因此很难客观确认因果关系。不过，这也意味着可以通过整体论方法对行为进行更深入的分析，识别新的研究方向，再用还原论方法展开进一步研究。

心理学中整体论方法的例子：

精神分析学：精神分析经常使用深度个案研究，并考虑多种因素。弗洛伊德便经常对他的病人进行个案研究，从而为其理论提供依据。不过，他的理论仍是以还原论为基础的。例如，弗洛伊德将人格结构简化为本我、自我和超我。

人本主义心理学：一种真正的整体论心理学方法，关注自我以及个体对自我的认知。

决定论与自由意志

对许多人来说，决定论都是一个难以接受的概念。我们相信自己拥有自由意志，可以自由选择自己的行为、反应和决定，但这与心理学研究的一些观点存在冲突。心理学的大多数研究方法都依赖于决定论方法（认为可以确定某种特定行为的成因）来解释相关行为，并在必要时进行干预或治疗。具有强烈决定论色彩的生物心理学家会认为，你的行为是在出生时由基因先天决定的；认知心理学家可能认为，你的行为是对过往习得图式的反应。事实上，这种决定论的辩护方式也曾出现在法庭上，并可能会开启危险的先例：我们究竟在多大程度上对自己的行为负责？

无论决定论的立场多么令人不安（或令人欣慰，取决于你的观点），它都是我们研究人类行为所必需的前提。为研究行为产生的原因，心理学家通常必须从一个假设出发，即人的行为有其根本原因，可能是某种生理机制，也可能是过去的经历。尽管这一前提可能令人不安，但它是心理学作为一门科学所必需的立场。

"软决定论"是一种中和的观点，认为人类对自己的思想和行为拥有能动性和控制力，而科学需要对人类行为的发展规律进行预测。软决定论认为，我们的行为是由生物和环境因素决定的，同时仍可选择这些因素对思想和行为的影响。

结　语

到这里，你也许已经得出这样的结论：人类行为没有单一的解释。实际上，你已经掌握了一些迄今为止最好的解释。我们的思想既迷人又复杂，既可测量又不可测量。一些心理学的假设已经十分确凿，比如大脑的某些区域与某些行为相关；另一些则更加主观，需要更大胆的判断或思考，比如潜意识的影响。

我们还注意到，心理学的课题是如此多样。或许，这种研究人类（及动物）行为不同方面的机会，正是心理学成为英国大学热门专业的原因之一。

心理学在不断变化和发展。如果心理学旨在理解人类在现实世界中的行为方式，而现实世界又在不断地变化，那么作为一名心理学家，就必须在继承过去成功经验的基础上，创造性地拥抱新技术。新的研究领域就像从历史方法中不断生长出的分枝一样，在动态的文化和社会中成长和被塑造。

在一本小书中，试图概括心理学这样一门广泛的学科似乎颇具挑战性，预测它的未来更是如此。随着世界和我们在其中位置的变化，人类将相应地改变和适应，心理学家也将面临新的挑战：对此进行理解、解释和提供指导。现在，你已经拥有了迎接这些新进展的工具，它们将带你去看发现之河正流向何方。

图片来源

p.ii ©Zubdash/Shutterstock.com;
p.7 ©Pranch/Shutterstock.com;
p.13 ©Athanasia Nomikou/Shutterstock.com;
p.15 ©Designua/Shutterstock.com;
p.17 ©maglyvi/Shutterstock.com;
p.22 ©Arcady/Shutterstock.com;
p.26 ©T and Z/Shutterstock.com;
p.38 ©desdemona72/Shutterstock.com;
p.58 ©Peter Hermes Furian/Shutterstock.com;
p.63 ©bygermina/Shutterstock.com;
p.64 ©Alex Gorka/Shutterstock.com;
p.67 ©Dmitry Guzhanin/Shutterstock.com;
p.70 ©bsd/Shutterstock.com;
p.86 ©Plateresca/Shutterstock.com

T 文库系列

人与机器人
HALLO ROBOT: DE MACHINE ALS MEDEMENS

二进制改变世界
ZEROES & ONES: THE GEEKS, HEROES AND HACKERS WHO CHANGED HISTORY

哲学的 100 个基本
哲学 100 の基本

数字只说 10 件事
NUMBERS - 10 THINGS YOU SHOULD KNOW

大脑只说 10 件事
THE BRAIN - 10 THINGS YOU SHOULD KNOW

耶鲁音乐小史
A LITTLE HISTORY OF MUSIC

你想从生命中得到什么
WHAT DO YOU WANT OUT OF LIFE?

你家胜过凡尔赛
OTRA HISTORIA DE LA ARQUITECTURA

名画无感太正常
OTRA HISTORIA DEL ARTE

从弓箭头到鼠标箭头
LO QUE SUEÑAN LOS ANDROIDES

产品经理：张宝荷
视觉统筹：马仕睿 @typo_d
印制统筹：赵路江
内文排版：程　阁
版权统筹：李晓苏
营销统筹：好同学

豆瓣 / 微博 / 小红书 / 公众号
搜索「轻读文库」

mail@qingduwenku.com